Andy Stephan

Die Adomian decomposition method zum Lösen nichtlinearer Gleichungen und Gleichungssysteme

GRIN Verlag

Bibliografische Information der Deutschen Nationalbibliothek:

Die Deutsche Bibliothek verzeichnet diese Publikation in der Deutschen National-
bibliografie; detaillierte bibliografische Daten sind im Internet über http://dnb.d-
nb.de/ abrufbar.

Impressum:

Copyright © 2009 GRIN Verlag GmbH
Druck und Bindung: Books on Demand GmbH, Norderstedt Germany
ISBN: 978-3-640-27763-6

Dieses Buch bei GRIN:

http://www.grin.com/de/e-book/122654/die-adomian-decomposition-method-zum-
loesen-nichtlinearer-gleichungen-und

GRIN - Your knowledge has value

Der GRIN Verlag publiziert seit 1998 wissenschaftliche Arbeiten von Studenten, Hochschullehrern und anderen Akademikern als eBook und gedrucktes Buch. Die Verlagswebsite www.grin.com ist die ideale Plattform zur Veröffentlichung von Hausarbeiten, Abschlussarbeiten, wissenschaftlichen Aufsätzen, Dissertationen und Fachbüchern.

Besuchen Sie uns im Internet:

http://www.grin.com/

http://www.facebook.com/grincom

http://www.twitter.com/grin_com

Die Adomian decomposition method zum Lösen nichtlinearer Gleichungen und Gleichungssysteme

Andy Stephan
Friedrich-Schiller-Universität Jena
Seminararbeit im Fachbereich Numerik

SS 2008/09

Einleitung

1984 veröffentlichte G.Adomian sein Buch "Solving Frontier Problems of Physics" [1]. In diesem Werk wird ein neues effektives Verfahren "The Decomposition method" vorgestellt, das Lösungen nichtlinearer Funktionalgleichungen beliebiger Art (Integralgleichungen, Differential-gleichungen, nichtlineare Gleichungen und Gleichungssysteme, Differentialgleichungssysteme, ...) durch ein iteratives Approximationsverfahren berechnet. In der sich anschließenden Diskussion über die Qualität der Lösungen dieses Verfahrens, beteiligten sich maßgeblich Cherruault und Abbaoui [3]. In ihren Arbeiten wurden zum ersten mal Konvergenzaussagen der Zerlegungsmethode bewiesen. In dieser Arbeit wird zunächst eine von Himoun, Abbaoui und Cherruault [4] stammende Verallgemeinerung der Zerlegungsmethode vorgestellt, die auf den Arbeiten von Adomian[1] [2], Cherruault und Abbaoui [3] basiert. Danach wird dann das Verfahren auf den mehrdimensionalen Fall erweitert und eine von Darvishi und Barati [7] stammende Konvergenzaussage für nichtlineare Gleichungssysteme bewiesen. Die Modifikation des Zerlegungsvefahrens für diesen Fall basiert dabei auf Arbeiten von Babolian,Biazar und Vahidi [6]. Am Ende dieser Arbeit werden numerische Beispiele aufgezeigt.

1 Die Zerlegungsmethode von Adomian

In diesem Abschnitt wird das Prinzip der Zerlegungsmethode an einer allgemeinen Funktionalgleichung erläutert. Die ersten Ideen dazu entwickelte Adomian zu Beginn der 80er Jahre, jedoch ohne Beweisführung. Cherruault lieferte als erster das theoretisches Fundament für das Zerlegungsverfahren, indem er es verallgemeinerte und hinsichtlich Konvergenzeigenschaften untersuchte.

Wir betrachten zu Beginn der Ausführungen allgemeine nichtlineare Funktionalgleichungen der Gestalt

$$x = c + N(x) \quad , \quad x, c \in \mathcal{H} \tag{1.1}$$

und bezeichnen diese als die kanonische Form. Dabei ist $N : \mathcal{H} \rightarrow \mathcal{H}$ ein nichtlinearer Operator auf dem Hilbertraum $\mathcal{H}$ und c ein bekanntes Element in $\mathcal{H}$.

Die Idee der Zerlegungsmethode beruht auf der Linearisierung der nichtlinearen Terme. Diese werden durch Adomian Polynome approximiert, wobei der nichtlineare Charakter von N erhalten bleibt.

Wir nehmen nun an, dass x und $N(x)$ auf folgende Art linear zerlegt werden können:

$$x = \sum_{i=0}^{\infty} x_i \tag{1.2}$$

$$N(x) = \sum_{n=0}^{\infty} A_n(x_0, x_1, \dots, x_n) \tag{1.3}$$

Dabei ist $(x_i)_{i\geq 0}$ eine Folge in $\mathcal{H}$ und $(A_i)_{i\geq 0}$ die Folge der Adomianpolynome die abhängig von $x_0, x_1, \dots, x_i$ sind. Durch Einsetzen der Zerlegungen (1.2) und (1.3) in (1.1) erhält man die modifizierte Funktionalgleichung

$$\sum_{i=0}^{\infty} x_i = c + \sum_{n=0}^{\infty} A_n(x_0, \dots, x_n) \tag{1.4}$$

Die rechten Terme von (1.2) und (1.3) sind bisher noch unbestimmte Ausdrücke, daher kann man bespielsweise für den Ansatz (1.2) folgende Plausibilitätsbetrachtungen anstellen:

Sei $f : \mathbb{R} \rightarrow \mathbb{R}$ eine reelle Funktion in $\mathcal{C}^2[a, b]$, d.h. f ist 2-mal stetig differenzierbar auf $I := [a, b]$, weiterhin gelte $M := \sup_{x \in [a,b]} | f''(x) | < \infty$ und $m := \inf_{x \in [a,b]} | f'(x) | > 0$.

Falls f in (a, b) eine Nullstelle $x \in \mathbb{R}$ besitzt, dann konvergiert nach dem Fixpunktsatz von Banach das Newton-Verfahren gegen $x \in (a, b)$ und es gilt

$$f(x) = 0 \iff x = \lim_{n \to \infty} x_n, x_{n+1} = x_n - \frac{f(x_n)}{f'(x_n)}, n = 0, 1, 2, \dots, x_0 \in (a, b)$$

Dies kann man umformulieren in

$$y_0 := x_0, y_{n+1} := x_{n+1} - x_n = -\frac{f(x_n)}{f'(x_n)}, n = 0, 1, \ldots, x = \sum_{i=0}^{\infty} y_i$$

und erhält damit eine Vorstellung wie eine Zerlegung von x gemäß (1.2) aussehen könnte. Allgemein hängt die Zerlegung von x natürlich vom gewählten Verfahren ab.

Um Konvergenz der Zerlegung (1.4) gegen die Lösung von (1.1) zu gewährleisten, müssen die Summanden im linken Term von (1.4) den Summanden im rechten Term von (1.4) entsprechen. Man erhält:

$$
\begin{array}{ccc}
x_0 &=& c \\
x_1 &=& A_0(x_0) \\
\vdots & \vdots & \vdots \\
x_{n+1} &=& A_n(x_0, \ldots, x_n) \\
\vdots & \vdots & \vdots
\end{array}
\tag{1.5}
$$

Da $x_0 = c = $ const. terminiert x_1 durch A_0, das auschließlich von x_0 abhängt. Allgemein terminiert x_{n+1} durch A_n, das ausschließlich von den bereits berechneten $x_0, \ldots, x_n$ abhängt. Die schnelle Konvergenz von (1.4) gegen die Lösung von (1.1) erhält man durch fortlaufende Summation der Adomian-Polynome gemäß (1.2) und (1.3).
Offen bleibt die Frage welche spezielle Gestalt die Adomian-Polynome in (1.3), (1.4) und (1.5) haben. Diese kann man wie folgt beantworten.

1.1   Adomian-Polynome

Man führt eine analytische Hilfsfunktion y und H mit unabhängigem reellen Parameter λ ein. Anschließend entwickelt man die Funktion $y(\lambda)$ in eine Taylorreihe im Punkt $\lambda = 0$ und erhält damit eine Darstellung von $y(\lambda)$ als Potenzreihe. Wir erinnern daran, dass eine Funktion analytisch genannt wird, wenn sie in jedem Punkt ihres Definitionsbereiches in eine Potenzreihe entwickelt werden kann. Einsetzen und differenzieren in (1.3) liefert dann eine explizite Darstellung der Adomian-Polynome.

Die Taylorentwicklung der Funktion $y(\lambda)$ an der Stelle $\lambda = 0$ liefert zunächst

$$y(\lambda) = y(0) + \lambda y'(0) + \tfrac{1}{2!}\lambda^2 y''(0) + \tfrac{1}{3!}\lambda^3 y'''(0) + \cdots = \sum_{i=0}^{\infty} \tfrac{1}{i!} y^{(i)}(0)\lambda^i$$

Setzt man nun

$$i! x_i = y^{(i)}(\lambda)|_{\lambda=0}$$

so erhält man für $y(\lambda)$ den Ausdruck

$$y(\lambda) = \sum_{i=0}^{\infty} x_i \lambda^i \qquad (1.6)$$

und es gilt: $y(0) = x_0, y(1) = x, \frac{d^n}{d\lambda^n} y(\lambda)|_{\lambda=0} = n! x_n$

Zusätzlich führt man die Potenzfunktion H mit Koeffizienten $(A_i)_{i \geq 0}$ und Parameter λ ein.

$$H(\lambda) := \sum_{n=0}^{\infty} A_n(x_0, \ldots, x_n) \lambda^n$$

Als Zwischenschritt substituieren wir nun x durch die Funktion $y(\lambda)$ in (1.1) und erhalten das verallgemeinerte Problem

$$y(\lambda) = c + N(y(\lambda)) \qquad (1.7)$$

Man beachte, dass (1.7) mit $\lambda = 1$ und Annahme (1.2) der Gleichung (1.1) entspricht. Weiterhin wird unter Verwendung von (1.5) und (1.6) die Gleichung (1.4) zu

$$y(\lambda) = c + H(\lambda) \qquad (1.8)$$

Um Äquivalenz der Gleichungen (1.7) und (1.8) zu erhalten, muss $N(y(\lambda)) = H(\lambda)$ gelten.

$$N(y(\lambda)) = N\left(\sum_{i=0}^{\infty} x_i \lambda^i\right) = \sum_{i=0}^{\infty} A_i \lambda^i = H(\lambda) \qquad (1.9)$$

Diese Bedingung ist genau dann erfüllt, wenn N und H in allen ihren Ableitungen übereinstimmen. Durch Differentiation von Gleichung (1.9) im Punkt $\lambda = 0$ können die Adomian- Polynome extrahiert werden. Man setzt $\frac{d^k}{d\lambda^k} N(y(\lambda))|_{\lambda=0}, k = 0, 1, 2, \ldots$ für die k-te Ableitung von $N(y)$ nach λ an der Stelle $\lambda = 0$, bemerken noch das $\frac{d^k}{d\lambda^k} H(\lambda)|_{\lambda=0} = k! A_k$ gilt und erhalten damit die ersten $A_k's$ zu

$$\frac{d^{(0)}}{d\lambda^0} N(y)|_{\lambda=0} = N(x_0) \Rightarrow N(x_0) = 0! A_0$$

$$\frac{d^{(1)}}{d\lambda^1} N(y)|_{\lambda=0} = x_1 N'(x_0) \Rightarrow x_1 N'(x_0) = 1! A_1$$

$$\frac{d^{(2)}}{d\lambda^2}N(y)|_{\lambda=0} = 2x_2N'(x_0) + x_1^2N''(x_0) \Rightarrow 2x_2N'(x_0) + x_1^2N''(x_0) = 2!A_2$$

$$\frac{d^{(3)}}{d\lambda^3}N(y)|_{\lambda=0} = 6x_3N'(x_0) + 6x_1x_2N''(x_0) + x_1^3N'''(x_0)$$

$$\Rightarrow 6x_3N'(x_0) + 6x_1x_2N''(x_0) + x_1^3N'''(x_0) = 3!A_3$$

$$\vdots$$

Die allgemeine Form lautet dann

$$A_n = \frac{1}{n!}\frac{d^n}{d\lambda^n}\left[N\left(\sum_{i=0}^{\infty}x_i\lambda^i\right)\right]_{\lambda=0} \tag{1.10}$$

Wie man der Formel (1.10) entnimmt, sind für die Berechnung der Adomian-Polynome ausschließlich die n-ten Ableitungen der zusammengesetzten Funktion $N(y)$ notwendig. Da diese zunehmend komplizierter zu ermitteln sind wenn der Grad der Ableitung steigt, bietet sich an dieser Stelle ein kleiner Exkurs zu diesem Thema an. Zunächst erinnern wir an die von Faà di Bruno bewiesene Formel für die Ableitung beliebigen Grades einer zusammengesetzten Funktion.

Dazu führen wir folgende Bezeichnungen ein

$$|nk_n| := k_1 + 2k_2 + \cdots + nk_n$$

$$k := k_1 + k_2 + \cdots + k_n$$

$$k_i \in \{0, 1, 2, \dots\}, \forall i$$

Seien N und y ausreichend oft differenzierbare Funktionen, dann gilt für $n \geq 1$:

$$\frac{d^n}{d\lambda^n}N(y(\lambda)) = \sum_{|nk_n|=n}\frac{n!}{k_1!k_2!\dots k_n!}N^{(k)}(y(\lambda))\prod_{i=1}^{n}\left(\frac{y^{(i)}(\lambda)}{i!}\right)^{k_i} \tag{1.11}$$

Die Summation in Gleichung (1.11) erfolgt dabei über alle Lösungen von nichtnegativen ganzen Zahlen $k_1, \dots, k_n$ für die $k_1 + 2k_2 + \cdots + nk_n = n$ gilt.
Sei beispielsweise $n = 3$ dann folgt $k_1 + 2k_2 + 3k_3 = 3$. Als Lösungen dieser Gleichung erhält man:

(i) $k_1 = k_2 = 0, k_3 = 1$

$$\Rightarrow k = 1 : \frac{3!}{0!0!1!}N'(y)\left(\frac{y'''(\lambda)}{3!}\right) = N'(y)y'''(\lambda) \overset{\lambda=0}{=} 3!x_3N'(x_0)$$

(ii) $k_1 = k_2 = 1, k_3 = 0$

$$\Rightarrow k = 2 : \frac{3!}{1!1!0!} N''(y) \left(\frac{y'(\lambda)}{1!} \right) \left(\frac{y''(\lambda)}{2!} \right) = 3N''(y)y'(\lambda)y''(\lambda) \stackrel{\lambda=0}{=} 3 \cdot 2! x_1 x_2 N''(x_0)$$

(iii) $k_1 = 3, k_2 = k_3 = 0$

$$\Rightarrow k = 3 : \frac{3!}{3!0!0!} N'''(y) \left(\frac{y'(\lambda)}{1!} \right)^3 = N'''(y)(y'(\lambda))^3 \stackrel{\lambda=0}{=} x_1^3 N'''(x_0)$$

Die 3-te Ableitung von $N(y)$ erhält man mit $(i) - (iii)$ zu

$$\frac{d^3}{d\lambda^3} N(y(\lambda))|_{\lambda=0} = 6x_3 N'(x_0) + 6x_1 x_2 N''(x_0) + x_1^3 N'''(x_0)$$

Da wie oben gezeigt $\frac{d^i}{d\lambda^i} y(\lambda)|_{\lambda=0} = i! x_i$ gilt, erhalten wir mit (1.11) eine alternative Darstellung der Adomian-Polynome in der Form

$$A_n(x_0, x_1, \ldots, x_n) = \sum_{|nk_n|=n} \frac{1}{k_1! k_2! \ldots k_n!} N^{(k)}(x_0) x_1^{k_1} x_2^{k_2} \cdot \ldots \cdot x_n^{k_n} \tag{1.12}$$

Für die praktische Berechnung der Adomian Polynome ist dieses Berechnungsverfahren natürlich wenig praktikabel, da zum einen die Ableitungen von N und y und zum anderen alle Kombinationen (wie in $(i) - (iii)$ demonstriert) berechnet werden müssen. Wie man sieht, wächst der Aufwand erheblich mit steigendem Grad n in den Ableitungen. Daher soll hier eine andere Möglichkeit der Berechnung der Adomian-Polynome entwickelt werden, die nach meinem Wissen bisher in keiner Arbeit zu diesem Thema aufgegriffen wurde. Da ich an dieser Stelle keinen Beweis für das folgende Verfahren geben möchte, erfolgt die Argumentation heuristisch. Wir benutzen dazu die auch auf Faà di Bruno zurückgehende Determinanten Formel für die Gleichung (1.11).
Diese lautet in unserer Notation für $n \geq 1$

$$\frac{d^n}{d\lambda^n} N(y(\lambda)) = \begin{bmatrix} \binom{n-1}{0} y' N & \binom{n-1}{1} y'' N & \binom{n-1}{2} y''' N & \cdots & \binom{n-1}{n-2} y^{(n-1)} N & \binom{n-1}{n-1} y^{(n)} N \\ -1 & \binom{n-2}{0} y' N & \binom{n-2}{1} y'' N & \cdots & \binom{n-2}{n-3} y^{(n-2)} N & \binom{n-2}{n-2} y^{(n-1)} N \\ 0 & -1 & \binom{n-3}{0} y' N & \cdots & \binom{n-3}{n-4} y^{(n-3)} N & \binom{n-3}{n-3} y^{(n-2)} N \\ \vdots & \vdots & \vdots & \ddots & \vdots & \vdots \\ 0 & 0 & 0 & \cdots & \binom{1}{0} y' N & \binom{1}{1} y'' N \\ 0 & 0 & 0 & \cdots & -1 & \binom{0}{0} y' N \end{bmatrix} \tag{1.13}$$

Dabei sind alle Einträge in der Subdiagonale -1 und alle Einträge darunter 0. Außerdem sei mit $y^{(i)} = y^{(i)}(\lambda)$ und $N^k = N^{(k)}(y)$ bezeichnet. Beispielsweise erhält man für $n = 3$

$$\frac{d^3}{d\lambda^3} N(y(\lambda)) = \begin{vmatrix} \binom{2}{0} y'N & \binom{2}{1} y''N & \binom{2}{2} y'''N \\ -1 & \binom{1}{0} y'N & \binom{1}{1} y''N \\ 0 & -1 & \binom{0}{0} y'N \end{vmatrix} = \begin{vmatrix} y'N & 2y''N & y'''N \\ -1 & y'N & y''N \\ 0 & -1 & y'N \end{vmatrix}$$

$$= y'^3 N^3 + 3y'y''N^2 + y'''N^1 = y'^3(\lambda)N'''(y) + 3y'(\lambda)y''(\lambda)N''(y) + y'''(\lambda)N'(y)$$

Für $\lambda = 0$ erhalten wir den schon bekannten Ausdruck

$$\frac{d^3}{d\lambda^3} N(y(\lambda))|_{\lambda=0} = x_1^3 N'''(x_0) + 6x_1 x_2 N''(x_0) + 6x_3 N'(x_0)$$

Es wurde gezeigt, dass die Adomian-Polynome wie in Formel (1.10) formuliert, genauso mit der Determinanten Formel (1.13) berechnet werden können, was speziell bei numerischer Auswertung gewisse Vorzüge besitzt. Wenn man in (1.13) für $y^{(k)}(\lambda)|_{\lambda=0}$ noch $k!x_k$ substituiert, erhält man ohne weitere Transformationen die Adomian-Polynome beliebiger Ordnung. Mit dieser Erkenntnis soll der Exkurs beendet werden.

2 Nichtlineare Gleichungen

In diesem Abschnitt soll erläutert werden, wie das in Abschnitt 1 eingeführte Zerlegungsverfahren zum Lösen nichtlinearer Gleichungen eingesetzt werden kann. Die geeignete Modifikation des Adomian-Zerlegungsverfahrens auf nichtlineare Funktionalgleichungen wurde u.a. von Chun[10], Darvishi und Barati [7] diskutiert. Man betrachtet zu Beginn eine nichtlineare Gleichung der Form

$$f(x) = 0 \tag{2.1}$$

und setzen voraus, dass f eine Nullstelle α besitzt. Weiterhin sei γ ein Startwert der ausreichend nah an α liegt. Unter dieser Annahme kann mittels Taylorapproximation die Gleichung (2.1) auf folgende Form gebracht werden:

$$f(\gamma) + f'(\gamma)(x - \gamma) + g(x) = 0 \qquad (2.2)$$

$$g(x) = f(x) - [\, f(\gamma) + f'(\gamma)(x - \gamma)] \qquad (2.3)$$

Die Umformung von Gleichung (2.2) liefert

$$x = \gamma - \frac{f(\gamma)}{f'(\gamma)} - \frac{g(x)}{f'(\gamma)} \qquad (2.4)$$

Man setzt $c := \gamma - \frac{f(\gamma)}{f'(\gamma)}$, $N(x) := -\frac{g(x)}{f'(\gamma)}$ und erhält damit die kanonische Form (1.1)

$$x = c + N(x) \qquad (2.5)$$

Unter Verwendung der Aussagen aus Abschnitt 1 wenden wir nun die Zerlegungsmethode von Adomian an und erhalten die ersten Summanden aus (1.2) und (1.3) mit

$$x_0 = c = \gamma - \frac{f(\gamma)}{f'(\gamma)}$$
$$x_1 = A_0(x_0) = N(x_0) = -\frac{g(x_0)}{f'(\gamma)} = -\frac{f(x_0)}{f'(\gamma)}$$

Wegen $N'(x_0) = -\frac{g'(x_0)}{f'(\gamma)} = -\frac{f'(x_0) - f'(\gamma)}{f'(\gamma)} = 1 - \frac{f'(x_0)}{f'(\gamma)}$ folgt weiterhin

$$x_2 = A_1(x_0, x_1) = x_1 N'(x_0) = A_0(x_0) N'(x_0) = N(x_0) N'(x_0) = \frac{f(x_0) f'(x_0)}{(f'(\gamma))^2} - \frac{f(x_0)}{f'(\gamma)}$$

Alle weiteren $x_i, i = 3, 4, \ldots$ können, wie in Abschnitt 1 gezeigt, berechnet werden. Im nächsten Schritt führen wir nun die m-te Partialsumme X_k der x_i aus (1.2) ein und erhalten in Verbindung mit (1.5)

$$X_k = x_0 + x_1 + \cdots + x_k = c + A_1 + \cdots + A_{k-1}$$

Dabei gilt gemäß (1.2) und (1.4) $\lim\limits_{k \to \infty} X_k = x$ also $x \approx X_k$.
Wir erhalten für $k = 0$

$$X_0 = x_0 = c = \gamma - \frac{f(\gamma)}{f'(\gamma)}$$

aus dem sich die Newton-Iteration mit

$$x_{n+1} = x_n - \frac{f(x_n)}{f'(x_n)}$$

ableiten lässt. Für $k = 1$ folgt

$$X_1 = x_0 + x_1 = c + A_0 = \gamma - \frac{f(\gamma)}{f'(\gamma)} - \frac{f(x_0)}{f'(\gamma)}$$

aus der sich die Householder-Iteration

$$x_{n+1} = x_n - \frac{f(x_n)}{f'(x_n)} - \frac{f(x_{n+1}^*)}{f'(x_n)} \tag{2.6}$$

mit $x_{n+1}^* = x_n - \frac{f(x_n)}{f'(x_n)}$ ergibt.

Als letztes Beispiel noch der Fall $k = 2$

$$X_2 = c + x_1 + x_2 = c + A_0 + A_1 = \gamma - \frac{f(\gamma)}{f'(\gamma)} - 2\frac{f(x_0)}{f'(\gamma)} + \frac{f(x_0)f'(x_0)}{(f'(\gamma))^2}$$

für den man die Iteration

$$x_{n+1} = x_n - \frac{f(x_n)}{f'(x_n)} - 2\frac{f(x_{n+1}^*)}{f'(x_n)} + \frac{f(x_{n+1}^*)f'(x_{n+1}^*)}{(f'(x_n))^2}$$

erhält.

Für den Fall $k = 1$ haben Amat, Busquier und Gutierrez [11] die Konvergenzordnung drei nachgewiesen. In Chun [10] wird Konvergenz 4.Ordnung für den Fall $k = 2$ gezeigt. Weitere Modifikationen dieses Verfahrens findet man in den Arbeiten von Basto, Semiao und Calheiros[13] . Außerdem hat Wazwaz [12] die Anwendbarkeit der Zerlegungsmethode auf zahlreiche bekannte Funktionenklassen herausgearbeitet. Im nächsten Abschnitt wird die Erweiterung des Adomian Verfahrens auf den n-dimensionalen Fall gezeigt.

3   Der n-dimensionale Fall

Wir betrachten im folgenden Abbildungen $F : \Omega \subseteq \mathbb{R}^n \to \mathbb{R}^n$ mit $F(x) = 0 \, , x \in \Omega$.
Dabei besteht das System $F(x) = (f_1(x), \ldots, f_n(x))^T$ aus n nichtlinearen Gleichungen, wobei $x = (x_1, \ldots, x_n)^T$ ein Vektor in Ω und $f_i : \mathbb{R}^n \to \mathbb{R}, i = 1, 2, \ldots, n$ eine skalare Funktion ist. Für die Voraussetzungen zur Lösung solcher Gleichungssysteme sei auf Hermann [14] verwiesen.

3.1   Die modifizierte Zerlegungsmethode

Wir betrachten die i-te nichtlineare Gleichung f_i des Problems $F(x) = 0$ also

$$f_i(x_1, x_2, \ldots, x_n) = 0 \tag{3.1}$$

Durch Taylorentwicklung von f_i analog zum Ansatz (2.2) und (2.3) erhalten wir o.B.d.A die kanonische Form

$$x_i = c_i + g_i(x_1, x_2, \ldots, x_n) \tag{3.2}$$

wobei c_i wieder eine Konstante und $g_i : \mathbb{R}^n \to \mathbb{R}$ eine nichtlineare Funktion ist. Mit $x_i = \sum\limits_{m=0}^{\infty} x_{i_m}$ und $g_i(x_1, \ldots, x_n) = \sum\limits_{m=0}^{\infty} A_{i_m}$ gemäß (1.2) und (1.3) erhält man die modifizierte Gleichung (3.2) gemäß (1.4) zu

$$\sum_{m=0}^{\infty} x_{i_m} = c_i + \sum_{m=0}^{\infty} A_{i_m} \tag{3.3}$$

Dabei sind die $A'_{i_m}s$ die Adomian-Polynome die abhängig von $x_{1_0}, \ldots, x_{1_m}, \ldots, x_{n_0}, \ldots, x_{n_m}$ sind.

Analog zur Betrachtung (1.5) muß gelten

$$\begin{aligned} x_{i_0} &= c_i \\ x_{i_m} &= A_{i_{m-1}}, i = 1, 2, \ldots, n, m = 1, 2, \ldots \end{aligned} \tag{3.4}$$

Wie oben bereits gezeigt, approximieren wir jedes x_i durch $X_{i_k} := \sum\limits_{m=0}^{k} x_{i_m}$, wobei $\lim\limits_{k \to \infty} X_{i_k} = x_i$. Die Adomian-Polynome determinieren gemäß (1.10)

$$A_{i_m}(x_{1_0}, \ldots, x_{1_m}, \ldots, x_{n_0}, \ldots, x_{n_m}) = \frac{1}{m!} \frac{d^m}{d\lambda^m} [g_i(x_1, \ldots, x_n)]_{\lambda=0} \tag{3.5}$$

mit $x_i(\lambda) = \sum\limits_{j=0}^{m} x_{ij}\lambda^j, i = 1, 2, \ldots, n$ und man erhält

$$A_{i_0}(x_{1_0}, x_{2_0}, \ldots, x_{n_0}) = g_i(x_{1_0}, x_{2_0}, \ldots, x_{n_0})$$

$$A_{i_m}(x_{1_0}, x_{1_1}, \ldots, x_{1_m}, x_{2_0}, x_{2_1}, \ldots, x_{2_m}, \ldots, x_{n_0}, x_{n_1}, \ldots, x_{n_m}) = \tag{3.6}$$

$$\sum_{\Omega} \left(\frac{x_{1_1}^{k_{1_1}}}{k_{1_1}!} \cdot \ldots \cdot \frac{x_{m_1}^{k_{m_1}}}{k_{m_1}!} \right) \left(\frac{x_{1_2}^{k_{1_2}}}{k_{1_2}!} \cdot \ldots \cdot \frac{x_{m_2}^{k_{m_2}}}{k_{m_2}!} \right) \cdots \left(\frac{x_{1_n}^{k_{1_n}}}{k_{1_n}!} \cdot \ldots \cdot \frac{x_{mn}^{k_{mn}}}{k_{mn}!} \right)$$

$$\times \frac{\partial^{\Omega_1+\Omega_2+\cdots+\Omega_n}}{\partial x_1^{\Omega_1}\partial x_2^{\Omega_2}\cdots\partial x_n^{\Omega_n}} g_i(x_{1_0}, x_{2_0}, \ldots, x_{n_0}), m \geqslant 1$$

wobei Ω die Menge aller Kombinationen darstellt, die der Gleichung

$$(k_{1_1} + 2k_{2_1} + \cdots + mk_{m_1}) + \cdots + (k_{1_n} + 2k_{2_n} + \cdots + mk_{m_n}) = m \text{ genügen und}$$

$\Omega_i = k_{1_i} + k_{2_i} + \cdots + k_{m_i}, i = 1, 2, \ldots, n$ ist.

Konvergenzaussagen und numerische Beispiele dieser Anwendung der Adomian decomposition method auf den n-dimensionalen Fall erhält man in [3] [6]. Wie in Abschnitt 2 demonstriert, erhält man für $k = 0$ das Newtonverfahren zum Lösen des Problems $f(x) = 0$. Betrachten wir den n-dimensionalen Fall für $k = 0$ also $x_i \approx X_{i_0}, i = 1, \ldots, n$ so erhalten wir eine Verallgemeinerung des Newtonverfahrens in der bekannten Form.

$$x_{p+1} = x_p - J(x_p)^{-1}F(x_p), p = 0, 1, \ldots \tag{3.7}$$

Mit $J(x) \in \mathbb{R}^{n \times n}$ bezeichnen wir dabei die Jacobimatrix von F im Punkt $x \in \Omega$. Das Iterationsschema (3.7) kann nun analog zu (2.6) auf folgende Form erweitert werden:

$$x_{p+1} = x_p - J(x_p)^{-1}\left(F(x_p) + F(x_{p+1}^*)\right) \tag{3.8}$$

Dabei ist $x_{p+1}^* = x_p - J(x_p)^{-1}F(x_p)$ wie in (3.7) definiert. Die Iterationsvorschrift (3.8) bezeichnen wir als modifizierte Newtonmethode (mNm). Im folgenden wird ein Theorem aus [7] geliefert und bewiesen, das die Konvergenzordnung drei der modifizierten Newtonmethode nachweist.

Theorem 3.1.
Sei $F : \Omega \subseteq \mathbb{R}^n \rightarrow \mathbb{R}^n$ k-mal Frechet differenzierbar in einer konvexen Menge Ω die eine Nullstelle α des Problems $F(x) = 0$ enthält, dann hat die modifizierte Newtonmethode gemäß (3.8) die Konvergenzordnung drei.

Beweis

Seien $x, x_n \in \Omega$ und $\alpha \in \Omega$ eine Nullstelle unter der Abbildung F, d.h. $F(\alpha) = 0$. Wir entwickeln F in $x_n \in \Omega$ in ein Taylorreihe und erhalten

$$F(x) = F(x_n) + F'(x_n)(x - x_n) + \tfrac{1}{2!}F''(x_n)(x - x_n)^2 + \cdots + \tfrac{1}{k!}F^{(k)}(x_n)(x - x_n)^k + \ldots$$

Da nach Voraussetzung $\alpha \in \Omega$ eine Nullstelle von F ist, kann man schreiben

$$F(\alpha) = \sum_{k=0}^{\infty} \tfrac{1}{k!} F^{(k)}(x_n)(\alpha - x_n)^k = 0$$

Einsetzen von $e_n := -(\alpha - x_n) = x_n - \alpha$ in die Taylorreihe liefert

$$\sum_{k=0}^{\infty} (-1)^k \tfrac{1}{k!} F^{(k)}(x_n) e_n^k = 0$$

In dieser Gleichung wird anschließend das Absolutglied $F(x_n)$ isoliert und man erhält

$$F(x_n) = \sum_{k=1}^{\infty} (-1)^{k+1} \tfrac{1}{k!} F^{(k)}(x_n) e_n^k$$

Für $k = 3$ wird daraus

$$F(x_n) = F'(x_n)e_n - \frac{1}{2} F''(x_n)e_n^2 + \frac{1}{6} F'''(x_n)e_n^3 + \mathcal{O}(\|e_n^4\|) \tag{3.9}$$

Anschließend multipliziert man Gleichung (3.9) von links mit $F'(x_n)^{-1}$ unter der Voraussetzung das die Inverse von F'existiert und erhalten:

$$F'(x_n)^{-1}F(x_n) = e_n - \frac{1}{2}F'(x_n)^{-1}F''(x_n)e_n^2 + \frac{1}{6}F'(x_n)^{-1}F'''(x_n)e_n^3 + \mathcal{O}(\|e_n^4\|) \tag{3.10}$$

Bem.: $F'(x_n)^{-1}F'(x_n) = E_n$ und $E_n \cdot e_n = e_n$, E_n Einheitsmatrix im $\mathbb{R}^n$

Einsetzen von $x_{n+1}^* = x_n - F'(x_n)^{-1}F(x_n)$ gemäß (3.7) in das Iterationsschema (3.8) liefert

$$x_{n+1} = x_n - F'(x_n)^{-1}\big(F(x_n) + F(x_{n+1}^*)\big) \iff$$

$$x_{n+1} - x_n = -F'(x_n)^{-1}\big(F(x_n) + F(x_n - F'(x_n)^{-1}F(x_n))\big) \tag{3.11}$$

Unter Beachtung von $x_{n+1} - x_n = (e_{n+1} + \alpha) - (e_n + \alpha) = e_{n+1} - e_n$ wird (3.11) zu

$$e_{n+1} = e_n - F'(x_n)^{-1}F(x_n) - F'(x_n)^{-1}F\big(x_n - F'(x_n)^{-1}F(x_n)\big) \tag{3.12}$$

Durch Einsetzen von (3.10) in (3.12) erhält man im Anschluß

$$e_{n+1} = e_n - [e_n - \tfrac{1}{2}F'(x_n)^{-1}F''(x_n)e_n^2 + \tfrac{1}{6}F'(x_n)^{-1}F'''(x_n)e_n^3 + \mathcal{O}(\|e_n^4\|)]$$
$$- F'(x_n)^{-1}F(x_n - F'(x_n)^{-1}F(x_n))$$

Entwickelt man zusätzlich $F(x_n - F'(x_n)^{-1}F(x_n))$ in eine Taylorreihe 3.Ordnung mit Entwicklungspunkt x_n kann man diese Gleichung auf folgende Form bringen:

$$e_{n+1} = \tfrac{1}{2}F'(x_n)^{-1}F''(x_n)e_n^2 - \tfrac{1}{6}F'(x_n)^{-1}F'''(x_n)e_n^3 + \mathcal{O}(\|e_n^4\|)$$
$$- F'(x_n)^{-1}\big[F(x_n) - F'(x_n)F'(x_n)^{-1}F(x_n) + \tfrac{1}{2}F'''(x_n)(F'(x_n)^{-1}F(x_n))^2$$
$$- \tfrac{1}{6}F'''(x_n)(F'(x_n)^{-1}F(x_n))^3 + \mathcal{O}(\|e_n^4\|)\big]$$

einsetzen der linearen und quadratischen Terme aus Gleichung (3.10) also
$F'(x_n)^{-1}F(x_n) = e_n - \tfrac{1}{2}F'(x_n)^{-1}F''(x_n)e_n^2 + \mathcal{O}(\|e_n^3\|)$ liefert

$$e_{n+1} = \tfrac{1}{2}F'(x_n)^{-1}F''(x_n)e_n^2 - \tfrac{1}{6}F'(x_n)^{-1}F'''(x_n)e_n^3$$
$$- \tfrac{1}{2}F'(x_n)^{-1}F''(x_n)\big[e_n - \tfrac{1}{2}F'(x_n)^{-1}F'''(x_n)e_n^2 + \mathcal{O}(\|e_n^3\|)\big]^2$$
$$+ \tfrac{1}{6}F'(x_n)^{-1}F'''(x_n)\big[e_n - \tfrac{1}{2}F'(x_n)^{-1}F'''(x_n)e_n^2 + \mathcal{O}(\|e_n^3\|)\big]^3 + \mathcal{O}(\|e_n^4\|)$$

Nach zahlreichen Umformungen und Abschätzungen der Fehlerterme höherer Ordnung als 4 erhält man schließlich

$$e_{n+1} = \tfrac{1}{2}[F'(x_n)F''(x_n)]^2 e_n^3 + \mathcal{O}(\|e_n^4\|)$$

und hat damit die Konvergenzordnung drei der mNm bewiesen.

4   Anwendungen und Beispiele

Zum Abschluß dieser Arbeit sollen zwei nichtlineare Gleichungssysteme exemplarisch gelöst werden. Dabei soll ein System mit der in (3.8) vorgestellten Methode und das andere explizit mit der Adomian Technik gelöst werden.

Beispiel a)

Gegeben sei das nichtlineare Gleichungssystem $F(x) = (f_1(x), f_2(x), f_3(x))^T$ mit

$$f_1(x_1, x_2, x_3) = x_1^2 + x_2^2 + x_3^2 = 1$$

$$f_2(x_1, x_2, x_3) = 2x_1^2 + x_2^2 - 4x_3 = 0$$
$$f_3(x_1, x_2, x_3) = 3x_1^2 - 4x_2^2 + x_3^2 = 0$$

und dem Startpunkt $x^{(0)} = (0.5, 0.5, 0.5)^T$. Anwendung der mNm gemäß (3.8) liefert

Iteration	x_1	x_2	x_3
1	0.67625000000000	0.62300000000000	0.34325000000000
2	0.69827680505888	0.62852407959171	0.34256418976030
3	0.69828860997151	0.62852429796021	0.34256418968957
4	0.69828860997151	0.62852429796021	0.34256418968957

Als Stopkriterium wurde $\|F(x_n)\| < 10^{-15}$ gesetzt.

Beispiel b)

Gegeben sei das nichtlineare Gleichungssystem $F(x) = (f_1(x), f_2(x))^T$ mit

$$f_1(x, y) = x^2 - 10x + y^2 + 8 = 0$$
$$f_2(x, y) = x\,y^2 + x - 10y + 8 = 0$$

Ziel:

Lösung des nichtlinearen Gls $F(x) = 0$ durch explizite Anwendung der Adomian Zerlegungsmethode gemäß Abschnitt 3.1

1.Schritt: kanonische Form gem. (1.1) und (3.2)

$$f_1(x, y) = 0 \iff x^2 - 10x + y^2 + 8 = 0 \iff x = \tfrac{8}{10} + \tfrac{1}{10}x^2 + \tfrac{1}{10}y^2 \Rightarrow$$
$$c_1 = \tfrac{8}{10}, g_1(x, y) = \tfrac{1}{10}(x^2 + y^2)$$

$$f_2(x, y) = 0 \iff x\,y^2 + x - 10y + 8 = 0 \iff y = \tfrac{8}{10} + \tfrac{1}{10}x\,y^2 + \tfrac{1}{10}x \Rightarrow$$
$$c_2 = \tfrac{8}{10}, g_2(x, y) = \tfrac{1}{10}(x\,y^2 + x)$$

insgesamt erhält man: $\begin{pmatrix} x \\ y \end{pmatrix} = \begin{pmatrix} c_1 \\ c_2 \end{pmatrix} + \begin{pmatrix} g_1(x,y) \\ g_2(x,y) \end{pmatrix} = \begin{pmatrix} \tfrac{8}{10} \\ \tfrac{8}{10} \end{pmatrix} + \begin{pmatrix} \tfrac{1}{10}[x^2 + y^2] \\ \tfrac{1}{10}[x\,y^2 + x] \end{pmatrix}$

2.Schritt: ADM

Sei $x = \sum\limits_{m=0}^{\infty} x_m$, $y = \sum\limits_{m=0}^{\infty} y_m$ und $g_k(x, y) = \sum\limits_{m=0}^{\infty} A_{km}(x_0, ..., x_m; y_0, ..., y_m), k = 1, 2$

gemäß (3.3) setzt man

$$\sum_{m=0}^{\infty} x_m = \frac{8}{10} + \frac{1}{10}x^2 + \frac{1}{10}y^2 = \frac{8}{10} + \frac{1}{10}\left(\sum_{m=0}^{\infty} A_{1m}(x^2) + \sum_{m=0}^{\infty} A_{1m}(y^2)\right) \qquad (4.1)$$

$$\sum_{m=0}^{\infty} y_m = \frac{8}{10} + \frac{1}{10}x\,y^2 + \frac{1}{10}x = \frac{8}{10} + \frac{1}{10}\left(\sum_{m=0}^{\infty} A_{2m}(x\,y^2) + \sum_{m=0}^{\infty} A_{2m}(x)\right) \qquad (4.2)$$

unter der Voraussetzung (3.4) folgt damit

$$x_0 = c_1 = \frac{8}{10}, y_0 = c_2 = \frac{8}{10}$$

und

$$\begin{aligned}
x_m &= b\big(A_{1,m-1}(x^2)+A_{1,m-1}(y^2)\big), b = \frac{1}{10}\,, m = 1,2,\ldots \\
y_m &= b\big(A_{2,m-1}(x\,y^2)+A_{2,m-1}(x)\big), b = \frac{1}{10}\,, m = 1,2,\ldots
\end{aligned} \qquad (4.3)$$

3.Schritt: Adomian-Polynome

Gemäß (3.5) macht man den Ansatz $x(\lambda) = \sum_{j=0}^{\infty} x_j\lambda^j$, $y(\lambda) = \sum_{j=0}^{\infty} y_j\lambda^j$ und erhält damit
die Adomian-Polynome $A_{km}(x_0,\ldots,x_m,y_0,\ldots,y_m) = \frac{1}{m!}\frac{d^m}{d\lambda^m}(g_i(x(\lambda),y(\lambda)))_{\lambda=0}$
$k = 1,2$

es folgt: $g_1(x,y) = x(\lambda)^2 + y(\lambda)^2$ und $g_2(x,y) = x(\lambda)\cdot y(\lambda)^2 + x(\lambda)$
(die Konstante b kann zunächst weggelassen werden)

$x_1 = A_{10} = \frac{1}{0!}\frac{d^0}{d\lambda^0}g_1(x,y)_{\lambda=0} = x_0^2 + y_0^2 = c_1^2 + c_2^2$
$x_2 = A_{11} = \frac{1}{1!}\frac{d^1}{d\lambda^1}g_1(x,y)_{\lambda=0} = 2x_0x_1 + 2y_0y_1$
$x_3 = A_{12} = \frac{1}{2!}\frac{d^2}{d\lambda^2}g_1(x,y)_{\lambda=0} = \frac{1}{2!}\big(2x_1^2 + 2!x_0x_2 + 2y_1^2 + 2!y_0y_2\big) = x_1^2 + x_0x_2 + y_1^2 + y_0y_2$
$x_4 = A_{13} = \frac{1}{3!}\frac{d^3}{d\lambda^3}g_1(x,y)_{\lambda=0} = 2x_1x_2 + x_0x_3 + 2y_1y_2 + y_0y_3$
$\ldots$

für $g_2(x,y) = x(\lambda)\cdot y(\lambda)^2 + x(\lambda)$ erhält man bei identischer Vorgehensweise

$y_1 = A_{20} = x_0y_0^2 + x_0 = c_1c_2^2 + c_1$
$y_2 = A_{21} = x_1y_0^2 + 2x_0y_0y_1 + x_1$
$y_3 = A_{22} = x_2y_0^2 + 2x_1y_0y_1 + x_0y_1^2 + 2x_0y_0y_2 + x_2$
$\ldots$

Die anschließende Summation der $x_i, i = 1, 2, \ldots$ und $y_i, i = 1, 2, \ldots$ liefert wegen $x = x_0 + b \cdot \sum_{1 \leq i \leq \infty} x_i$ und $y = y_0 + b \cdot \sum_{1 \leq i \leq \infty} y_i$ die genäherten Lösungen des Problems $F(x) = 0$.

i	$b \cdot x_i$	$b \cdot y_i$
0	**0.80000000**	**0.80000000**
1	0.12800000	0.13120000
2	0.04147200	0.03778560
3	0.01604096	0.01563566
4	0.00712144	0.00729004
5	0.00344153	0.00364956

Für $m = 5$ erhält man die Lösung $\begin{pmatrix} x \\ y \end{pmatrix} = \begin{pmatrix} 0.99607595 \\ 0.99556087 \end{pmatrix}$, die eine gute Approximation der genauen Lösung $(1, 1)^T$ darstellt.

5   Referenzen

[1] G.Adomian, Solving Frontier Problems of Physics: The Decomposition Method, Kluwer, (1984)

[2] G.Adomian: Nonlinear Stochastic Systems and Applications to Physics, Kluwer, (1989)

[3] K.Abbaoui and Y.Cherruault: Practical Formulae for the Calculus of Multivariable Adomian Polynomials, Math.Comput.Modelling Vol.22 No.1 pp.89-93, (1995)

[4] N.Himoun,K.Abbaoui and Y.Cherruault:New results of convergence of Adomians method, Kybernetes, Vol.28 No.4, pp.423-429, (1999)

[5] T.Mavoungou and Y.Cherruault: Solving frontier problems of physics by decomposition method:A new approach, Kybernetes, Vol.27 No.9, pp.1053-1061, (1998)

[6] E.Babolian, J.Biazar and A.R.Vahidi:Solution of a system of nonlinear equations by Adomian decomposition method, Appl. Math. Comp. 150 (2004) 847-854

[7] M.T.Darvishi and A.Barati: A third-order Newton-type method to solve systems of nonlinear equations, Appl. Math. Comp. (2006), in press

[8] S.Abbasbandy: Improving Newton-Raphson method for nonlinear equations by modified Adomian decomposition method, Appl. Math. Comp. 145 (2003) 887-893

[9] W.P.Johnson: The Curious History of Faà di Bruno's Formula, Monthly, March 2002, The Mathematical Association of America

[10] C.Chung: A new iterative method for solving nonlinear equations, Appl. Math. Comp. 178 (2006) 415-422

[11] S.Amat, S.Busquier and J.M.Gutierrez: Geometric constructions of iterative functions to solve nonlinear functions, Comp. Appl. Math. 157 (2003) 197-205

[12] A.M.Wazwaz: A new algorithm for calculating Adomian polynomials for nonlinear operators, Appl. Math. Comp. 111 (2000) 63-59

[13] M.Basto, V.Semiao and F.L.Calheiros: A new iterative method to compute nonlinear equations, Appl. Math. Comp., in press

[14] M.Hermann: Numerische Mathematik, Oldenbourg (2001), S.261 ff.